NOTE

SUR

L'EMPLOI DES CIMENTS

DE VASSY

MILLOT & CIE

A L'ISLE-SUR-LE-SEREIN

(*Yonne*)

NOTE

SUR

L'EMPLOI DES CIMENTS

DE VASSY

MILLOT & CIE

A L'ISLE-SUR-LE-SEREIN

(Yonne)

MONSIEUR,

Permettez-nous de vous présenter notre Ciment de Vassy et de vous en recommander l'emploi, en nous appuyant sur quelques considérations que nous vous prions d'examiner avec bienveillance.

Si l'on étudiait ce ciment plus soigneusement qu'on ne l'a fait jusqu'à ce jour, si l'on ne se retranchait pas obstinément dans la prétendue difficulté de son emploi, si l'on se bornait à rechercher des résistances suffisantes au meilleur marché possible, sans s'astreindre à obtenir des résistances surabondantes à n'importe quel prix, il obtiendrait immédiatement une place prépondérante dans les constructions.

On objecte à son admission courante dans les maçonneries la difficulté de son emploi causée, dit-on, par la rapidité de sa prise. Or, on en peut faire des mortiers de diverses compositions, dont voici la nomenclature et les usages; on verra que l'objection est de peu de valeur.

MORTIERS ÉTANCHES POUR ENDUITS, REVÊTEMENTS, CHAPES, MOULURES, ETC.

(A) 1^m de ciment et 1^m de sable produisant $1^m,50$ de mortier. Temps de prise : 20 minutes.

(B) 1^m de ciment et 2^m de sable produisant $2^m,10$ de mortier. Temps de prise : 40 minutes.

Pour employer ces mortiers il faut, à la vérité, des ouvriers spéciaux, habiles, vifs, travailleurs, mais pour les ouvrages qu'il faut produire et non pas pour le ciment lui-même.

Le premier ouvrier venu ne peut pas, en effet, faire des chapes, appliquer des enduits, pousser des moulures. Il faudrait des spécialistes aussi bien pour faire ces travaux avec la chaux, le plâtre ou le portland, que pour les faire en Vassy. Ainsi l'objection du spécialiste s'applique dans ces cas à toutes les matières premières. Elle ne peut donc servir de prétexte au rejet de l'une d'entre elles.

MORTIERS POUR MAÇONNERIES ET BÉTONS.

(C) 2^m de ciment et 5^m de sable, produisant 5^m de mortier. Temps de prise : 1 heure.

(D) 1^m de ciment et 3^m de sable, produisant 3^m de mortier. Temps de prise : 1 heure 1/2.

Ces mortiers, comme on le voit, sont assez lents. Dans nos campagnes, nos ouvriers les gâchent simplement au bouloir, sur une aire en planches, comme on gâche les mortiers de chaux; ils ne prennent pas d'autre précaution que celle de faire les gâchées au fur et à mesure des besoins, et le maçon a une heure devant lui pour les employer. Ici le spécialiste devient donc inutile.

On objecte que la surveillance doit être plus minutieuse; mais on évitera tout inconvénient, si l'on exige que les aires et les auges soient nettes à chaque arrêt des travaux.

La résistance du plus maigre de ces mortiers, du mortier *(D)*, atteint à la traction 1^k,66 par centimètre carré au bout de 60 jours. Or il a été prouvé, lors de la construction de la digue de Cherbourg, que cette résistance est plus que suffisante pour résister complètement à l'action des plus forts coups de mer; a fortiori sera-t-elle suffisante pour toutes les constructions à l'air, dans la terre, dans les cours d'eau et dans les canaux.

Quant à la résistance à la compression, elle est de 10^k par centimètre carré, soit 100,000^k par mètre carré. Or, d'après M. Déjardin, la résistance pratique à l'écrasement des maçonneries :

> est de   5,000^k pour le béton ou les moellons informes;
> «   10,000^k pour les moellons posés sur lits;
> «   20,000^k «   équarris;
> «   30,000^k «   appareillés;
> «   50,000^k pour les pierres de taille.

Si donc, pour la sécurité, nous réduisons au dixième la résistance de notre mortier maigre, il nous restera encore 10,000^k. Cette résistance est plus que suffisante pour un mortier destiné à hourder les maçonneries courantes, et il est inutile et peu économique d'essayer de la dépasser dans la pratique.

Nos ciments sont très gras. Ils donnent, même avec la composition (*D*), des mortiers suffisamment liants pour la pratique, plus liants que les mêmes mortiers de chaux ou de portland.

Ils ne pèsent que 850^k le mètre cube au moment où, dépotés, l'ouvrier les mesure à la pelle pour faire son mélange. Cette légèreté, qui serait un défaut dans un ciment à prise lente n'en est pas un dans les ciments à prise prompte. Comme preuve, je citerai les ciments de la Côte-d'Or, qui sont reconnus sans conteste comme de beaucoup inférieurs aux nôtres, bien que leur poids spécifique soit de $1,100^k$.

Nous vous prions, Monsieur, de vouloir bien établir les prix des mortiers de nos ciments sur vos chantiers en vous basant sur les données précédentes et sur le prix de 3 fr. par mètre cube pour la façon (voir note *A*). En les combinant avec les autres données du problème, vous vous rendrez compte de l'économie que vous pouvez réaliser. Pour vous en donner une idée, nous vous dirons que M. de Liebhaber, ingénieur des Ponts-et-Chaussées à Avallon, a construit, il y a quelque temps, à Chastellux, un viaduc de 20 mètres de hauteur, formé de 11 arches en plein cintre de $9^m,50$ d'ouverture supportées par des piles de $1^m,25$ d'épaisseur. La maçonnerie en est tout entière en mortier de ciment de Vassy et petits matériaux pris sur place dans les tranchées avoisinantes.

Le mortier était composé de 1^v de ciment contre 1^v de sable. Malgré cette richesse des mortiers :

Le mètre linéaire de viaduc n'a coûté que.   .   694 fr. 00 c.;

Le mètre superficiel en élévation.   .   .   .   .   40 fr. 00 c.;

Le mètre cube de maçonnerie   .   .   .   .   .   30 fr. 40 c.

La pression sur les socles de fondation est de $5^k,50$.

Cependant, les viaducs analogues de Semur, Montciaut, Nérard,

Les Sapins, La Feige, La Palisse, construits en chaux hydraulique, ont coûté :

Le mètre linéaire . . . . . de 1,932 fr. 75 à 4,159 fr. 00
Le mètre superficiel en élévation de 85 fr. 85 à 165 fr. 00
Le mètre cube de maçonnerie. . de 31 fr. 00 à 45 fr. 00
La pression sur les socles varie de 5^k,20 à 6^k,92.

L'énorme économie réalisée à Chastellux provient aussi bien du bas prix de la matière première, que de sa qualité qui permet l'emploi de petits matériaux. On a pu, grâces à ces conditions, éviter non-seulement la dépense de pierres de taille et de moellons d'appareils, mais encore et surtout les forts cintres, les échafaudages et les appareils dispendieux qu'exige toujours leur mise en œuvre.

Enfin tous les égoûts de Paris et la voûte du canal Saint-Martin, pour la construction de laquelle on gâchait le mortier de ciment à la machine, sont construits en petits matériaux hourdés en Ciment de Vassy ; et l'on peut affirmer que, sans cette matière qui remplit si bien et à bon marché toutes les conditions requises pour un semblable travail, il eût présenté des difficultés pécuniaires et matérielles presque insurmontables.

En résumé nos ciments ne sont pas plus difficiles à employer que d'autres ciments beaucoup plus chers ou même que la chaux ; ils offrent des résistances surabondantes et ils les atteignent rapidement. Ces qualités les rendent précieux lorsqu'on veut activer le travail et réaliser ainsi une grande économie de temps et par conséquent d'argent.

Nous espérons, Monsieur, que ces considérations attireront votre attention, et vous engageront à étudier l'application de nos ciments dans les travaux dont vous êtes chargé.

Nous ne pouvons mieux faire, pour vous éclairer complètement, que de transcrire ici (page 7), l'*ordre de service* de M. de Fontanges, ingénieur en chef des ponts-et-chaussées. Cet ordre de service vous assure toutes les garanties que vous pouvez désirer.

Veuillez agréer, Monsieur, l'assurance de nos sentiments dévoués.

MILLOT et Ce.
à L'Isle-sur-le-Serein (Yonne).

Ordre de service de M. de FONTANGES, ingénieur en chef de la voie publique.
Service municipal de la ville de Paris.

PRÉFECTURE
DE LA
SEINE

A Monsieur BARABANT
Ingénieur de la 5ᵐᵉ Section

Paris, le 2 Mai 1879.

MON CHER CAMARADE,

Création du contrôle des Ciments de Vassy.

J'ai communiqué au Conseil des Ingénieurs, la note de M. le Conducteur DEVAL sur les *Carrières à Ciment du bassin de Vassy*, et votre rapport du 9 avril dernier qui l'accompagnait ; les renseignements contenus dans ces documents ont été appréciés, et, sur l'avis du Conseil, *M. le Directeur des travaux* a adopté vos propositions :

Laboratoire de la Barrière d'Enfer.

Le contrôle, dont vous avez la direction, s'exercera spécialement sur les matières livrées à la consommation, au moyen des essais entrepris au *Laboratoire de M. Deval.*

Surveillance sur les Carrières et aux Usines.

L'agent local, désigné par arrêté de MONSIEUR LE PRÉFET, *surveillera l'exploitation des Carrières, la nature et l'importance des approvisionnements d'avance, la fabrication sur place ;* il vous fera connaître chaque mois, *par des relevés pris aux gares d'expéditions*, les quantités provenant de chaque usine.

Surveillance des arrivages à Nicolaï.

Application de la marque de la Ville.

Deux surveillants établis *à la gare de Nicolaï* en permanence compareront les quantités expédiées avec celles arrivées à Paris, et *mettront le plomb de la Ville* sur les produits des usines autorisées ; ils seront contrôlés eux-mêmes par *M. Villemin, conducteur,* et par *M. Tourney, piqueur,* qui les visiteront tous les jours à des heures différentes ; enfin, ils enverront

Envois des Échantillons au Laboratoire.

chaque semaine, pour chaque usine, un sac d'*échantillon au Laboratoire,* où *M. Deval en fera l'analyse et l'essai.*

*Analyses
et
Essais.*

Les analyses et essais, concernant les produits de chaque usine, seront faits périodiquement et méthodiquement. Les expériences porteront, non seulement sur les ciments purs, mais encore sur des mortiers correspondant aux dosages ordinaires; chaque usine aura son dossier avec la série des expériences *à 48 heures — à 5 jours — à 15 jours — et à un mois;* les fabricants seront autorisés à suivre ces expériences, chacun en ce qui le concerne.

*Épreuves
et leurs résultats.
Pénalités
contre les
fabrications
défectueuses.*

A la fin de chaque année, il sera fait un résumé des analyses chimiques, *des essais à l'usure, à l'écrasement et à l'arrachement,* et si les résultats ne sont pas satisfaisants, la marque de *la Ville* sera retirée pour un an, par *Monsieur le Directeur des Travaux,* au fabricant de cette usine.

*Cahier
des charges.*

Monsieur le Directeur a en outre décidé qu'à l'avenir, il serait stipulé dans les cahiers des charges, que les Entrepreneurs ne pourront employer que les ciments ayant la marque de la *Ville de Paris* et que l'Administration se réserve le droit de retirer cette marque même en cours d'une entreprise, sans que l'Entrepreneur soit admis à réclamer.

*Marques
autorisées.
Avis
aux Fabricants
autorisés.*

Les ciments actuellement autorisés sont ceux de MM. *Millot et Cᵉ; Gariel, etc.*

Je vous invite à écrire à ces fabricants pour leur donner connaissance des dispositions qui précèdent.

Recevez l'assurance de mes sentiments dévoués.

L'Ingénieur en Chef de la Voie publique, 2ᵉ *Division,
chargé du service du Contrôle des Ciments.*

Signé : DE FONTANGES.

Communiqué à MM. MILLOT et Cᵉ, le 6 Mai 1879.

L'Ingénieur de la 5ᵐᵉ *Section chargé des Essais et Réceptions,
Signé :* BARABANT.

PRIX DE NOTRE CIMENT DE VASSY

en gare de Vassy ou Avallon:

Les 1,000 k⁰ˢ dans les sacs de l'acheteur. . . . .

«   dans nos sacs, à nous renvoyer franco en gare de départ du Ciment dans les soixante jours qui suivront l'expédition. . . . .

«   en fûts pesant environ 250 k⁰ˢ, dits « gros fûts ». .

«   en fûts pesant de 140 à 200 k⁰ˢ, dits « hectolitres ».

»   en fûts pesant de 80 à 139 k⁰ˢ, dits « fûts moyens ».

Renseignement : — Prix de transport des mille kilogrammes par chemin de fer, jusqu'à la gare de

pour un chargement de au moins 5,000 k⁰ˢ. . . . .

pour un chargement de 1,000 à 5,000 k⁰ˢ. . . . .

Note (*A*). — ÉTABLISSEMENT DU PRIX DES MORTIERS.

Prix des 1000 k⁰ˢ de ciment rendu en gare de.. . . . .

Transport à pied-d'œuvre, frais de manutention et magasinage, octroi, etc. . . . .

Prix des 1000 k⁰ˢ de ciment à pied d'œuvre. . . . .

L e MÈTRE CUBE de ciment pesant 850 k⁰ˢ coûtera donc. . . .

MORTIERS.

..... mètres cubes de sable à. . . . .

..... mètres cubes de ciment à. . . . .

Prix de   mètres cubes de mortier.. . . . .

soit par mètre cube de mortier. . . . .

Façon.   3 fr. 00 c.

Prix total du MÈTRE CUBE DE MORTIER, façon comprise.

Certificat.

Nous soussigné, Ingénieur des Ponts et Chaussées, chargé du service de l'arrond.t d'Avallon et des chemins de fer d'Avallon à Nuits sous Ravière et terminuelle à Châtel Censoir, certifions que M.rs Millot et C.ie, possèdent à Marzy et à S.te Colombe, canton de l'Isle sur Serein, deux usines importantes, pour la fabrication du ciment de Vassy; que ces deux établissements mus l'un par l'eau et la vapeur, l'autre par la vapeur, sont suffisamment outillés pour suffire à une production de 70.000 kilog.s par jour. Les deux établissements sont actuellement desservis par les gares de Vassy et d'Avallon; mais elles le seront mieux encore dans un avenir prochain par la gare projetée à l'Isle ou dans un voisinage par le chemin de fer d'Avallon à Nuits sous Ravières, auquel du reste ils pourront être facilement reliés, le tracé passant à peu de distance et à un niveau convenable.

Ces usines sont alimentées par des gisements de pierres à ciment fort riches et fort étendus, situés à proximité.

L'organisation de la maison Millot, l'honorabilité dont elle jouit dans le pays, la capacité de ses directeurs, que nous avons pu apprécier, garantissent à la fois la fabrication et l'exécution ponctuelle et rapide des fournitures qui leur sont confiées.

En foi de quoi nous leur avons délivré le présent certificat pour servir ce que de droit.

Fait à Avallon le 1.er juillet 1877.

L'Ingénieur des Ponts et Chaussées

[signature]

Ponts et Chaussées

Service Municipal
des
travaux publics

Certificat

L'ingénieur ordinaire des Ponts et
Chaussées, soussigné, chargé du service de
l'Arrondissement d'Amont de la Dérivation
de la Dhuis, certifie que les ciments de
la maison Millot et Cie, dont le siège
est à l'Isle-sur-le-Serein (Yonne) ont
donné d'excellents résultats dans les
travaux confiés à sa surveillance
En foi de quoi il a signé à
Château-Thierry le neuf janvier mil
huit cent soixante-cinq.

Vallée

L' Ingénieur en chef soussig[né]
Chargé du service des Eaux et des Égouts
de la Ville de Paris, certifie, que les
ciments à prise rapide de M. M.
Millot et compagnie, fabriqué[s]
à Marzy, (vallée du Serein)
Département de l'Yonne, ont été empl[oyés]
en grande quantité dans les travaux
de l'aqueduc de dérivation de la Dhu[is]
et que les ciments sont de bonne qua[lité]

Paris le 8 Février 186[?]

L'Ingénieur en chef soussigné certifie
que les ciments de M. M. Millot et Comp^{ie}
fabriqués à Marzy (vallée du Serein),
Département de l'Yonne, ont été employés
dans les travaux du canal St. Martin en
1860 et 1861. et qu'ils ont donné de bons
résultats.

Paris, le 8 Février 1865.

Je soussigné, Ingénieur en chef des Ponts et Chaussées chargé du service municipal de Bordeaux, certifie avoir employé dans la construction d'un grand égout collecteur à Bordeaux, pendant les années 1867 et 1868 le ciment de Vassy de la fabrique Millot et Cie. Je déclare que ce ciment a été d'un emploi facile, d'une qualité régulière et que les maçonneries de mœllon brut dans lesquelles il a été employé sont devenues très solides. Le dosage du mortier a été d'une partie en volume de ciment en poudre non tassée pour deux parties de sable de rivière.

Bordeaux le 3 août 1869

Lancelin

Vu pour légalisation de la Signature
Lancelin   apposée ci dessus
Bordeaux en l'Hôtel-de-Ville le 13 août

Le Maire de Bordeaux

Le Soussigné Ingénieur des Ponts et Chaussées chargé de la dérivation de la Vanne dans le département de l'Yonne certifie que les ciments livrés par M.M. Miclet & Cie à l'entrepreneur des 2me et 3me lots, de la dérivation ~~les~~ ont jusqu'à présent bien résisté, et ont donné des résultats satisfaisants.

La plus grande quantité fournie dans les années 1868 à 1872 provenant de leurs fabriques du bassin de Vassy les Avallon; une autre partie livrée en 1872 est de la nature des ciments de Portland de Boulogne et provient des fabriques de ce pays

Paris le 31 Janvier 1873

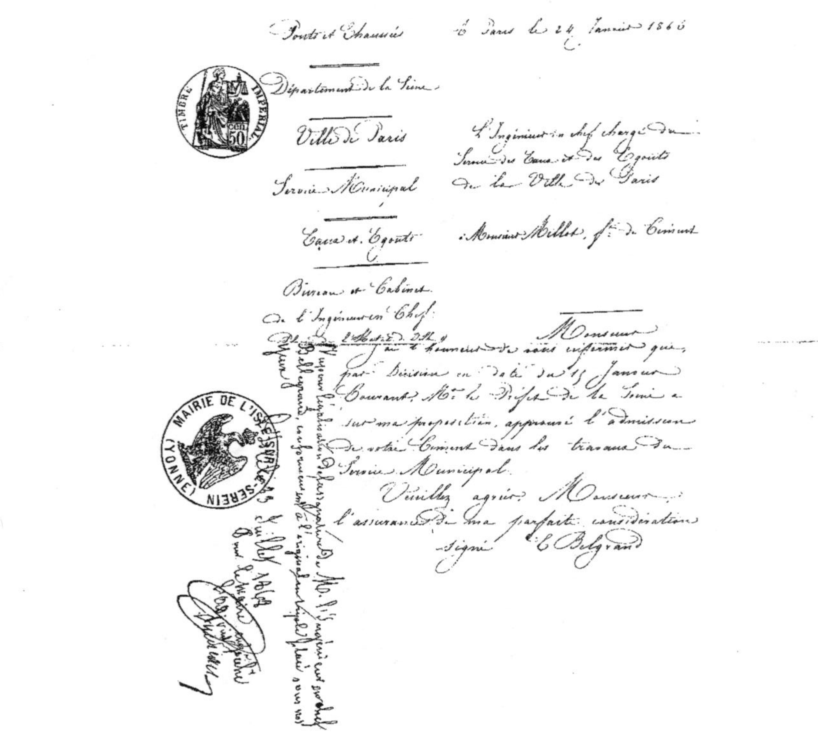

Ponts et Chaussées   à Paris le 24 Janvier 1866

Département de la Seine

Ville de Paris   L'Ingénieur en chef chargé du
                        Service des Eaux et des Egouts
Service Municipal   de la Ville de Paris

Eaux et Egouts   Monsieur Millet, fr. de Ciment

Bureau et Cabinet
de l'Ingénieur en Chef

                        Monsieur
J'ai l'honneur de vous informer que,
par Décision en date du 15 Janvier
Courant, Mr. le Préfet de la Seine a
sur ma proposition, approuvé l'admission
de votre Ciment dans les travaux du
Service Municipal.
        Veuillez agréer, Monsieur,
l'assurance de ma parfaite considération
        signé E Belgrand

Vu pour légalisation de la signature de M. l'ingénieur en chef
Belgrand, conformément à l'original déposé placé sous nos
yeux
        L'Isle-sur-Serein, le 13 Juillet 1869
        Pour le maire empêché

MAIRIE DE L'ISLE-SUR-SEREIN (YONNE)
TIMBRE IMPERIAL 50 cen.

Le Soussigné ingénieur en chef des
Ponts et Chaussées, chargé de la 2e division
du Service des eaux et des égouts de Paris,
certifie que M. Millot (François)
demeurant à Isle sur Serein (Yonne)
a fourni pour la Construction des
galeries Souterraines de Paris une
quantité Considérable de Ciment de
Vassy fabriqué par lui à Ste Colombe.
et à Marcy ; Je Certifie que
les Ciments livrés par M. Millot ont
toujours été de bonne qualité

Paris le 9 Juin 1874
V. Rousselle

Je soussigné Jolestelle chef
de bataillon chef de Génie
de la place de Reims, certifie
que le ciment de Vassy provenant
de l'usine appartenant à MM
Millot et Cie a été employé
dans les travaux de fortification
en cours d'exécution à Reims, et
a donné de très bons résultats.

Reims le 7 Septembre 1877
Le chef de bon ou chef du Génie
[signature]

Compagnie des Chemins de Fer de l'Est

Certificat

Je soussigné, Conducteur des Ponts et Chaussées, Chef de Section à la Compagnie des Chemins de fer de l'Est, certifie avoir employé en 1877 environ 40.000 kilogrammes de ciment de Vassy provenant des usines de M. M. Millot et Cᵉ de l'Isle-sur-le-Serein (Yonne).

Ce ciment a servi à la réparation des ouvrages d'art de la ligne de Paris à Avricourt et notamment au tunnel de Nanteuil. Les mortiers ont été formés de sable et de Vassy, tantôt pur, tantôt additionné, en diverses proportions, de ciment de [...] nous venons de traverser.

On a ainsi obtenu les meilleurs résultats et à des prix très modiques.

Château-Thierry, le 24 Avril 1879.

Le Chef de Section,

A. Fellie

Vu et Vérifié par le soussigné,
Ingénieur en Chef du Ponts et Chᵉᵉˢ
Ingénieur Principal du Chemin de fer de l'Est

Paris le 26 Avril 1879

Vu pour légalisation de la signature de Mᵉ Cellier apposée ci-contre

Paris, le 26 avril 1879

Le Maire,

791

Le Capitaine Chef du Génie Soussigné
Certifie avoir employé, du 23 Novembre 1876
Jusqu'à ce jour, 115.000 Kilogrammes de
Ciment de Vassy des usines Marry et
Ste Colombe, marque Millot et Cie,
pour les chapes des voûtes et les enduits
intérieurs des logements du fort de
Villeneuve St Georges.

Il a pu Constater que ce ciment
est doué de qualités exceptionnelles sous
le rapport de la dureté, de l'imperméabilité
à l'eau et de la prise, et peut dans
un grand nombre de cas, remplacer des
ciments d'un prix très Supérieur.

Il continuera à l'employer au
fort de Villeneuve St Georges et dans
les travaux qui vont être entrepris à
Sucy en Brie.

Fort de Villeneuve St Georges le 26
Janvier 1878.

Le Capitaine Chef du Génie

GÉNIE

DIRECTION DE PARIS

PLACE DE PARIS

CHEFFERIE DE LA RIVE DROITE

BUREAU : Caserne des Tourelles

Nᵒ ....

Paris, le 15 Mars 1880

Le Capitaine du Génie soussigné, chargé de la Direction des travaux de construction de la Caserne des Tourelles, à Paris (Belleville).

Certifie, que, du 9 Novembre 1878 jusqu'à ce jour, il a fait employer environ 150 mille Kilog. de Ciment de Vassy, des Usines de Marzy & Ste Colombe (Yonne), appartenant à Messieurs Millot & Cie, et que ce produit a toujours été de qualité supérieure, sous le triple rapport de la prise, de la dureté et de l'hydraulicité.

En foi de quoi, il a délivré la présente attestation à Messieurs Millot & Cie pour leur servir ce que de droit.

A. Lecomte

Direction d'Artillerie
de Vincennes.

Service des Bâtiments
& Machines

N°:

Vincennes, le 3 août 1879

NOTE pour Mr Lasmer

Je soussigné Capitaine d'artillerie chargé du service des bâtiments de la Direction d'artillerie de Vincennes artifie × en 1876 chargé des travaux des eaux a employé pour une partie de ces travaux du ciment de Vassy, marque Millot & Cie (premier choix) et que jusqu'à ce jour, je suis satisfait de l'emploi de ces ciments.

Le Capne d'artillerie
F. Haquet

694

Le soussigné, Ingénieur de la ; Voie en Chef
de Fer. du Nord, certifie avoir employé le ciment
Vassy (Marque Millot et Cie), dans l'exécution
d'égouts dans la Plaine St Denis, pour la maçon
des piédroits de la voûte et pour les enduits et qu'il
constaté que ce ciment est gras, à prise rapide
que sa fabrication donne un produit de nature rép

Paris, le 26 Mars 1880.

L'Ingénieur de la Voie

PARIS. — CHARLES UNSINGER, IMPRIMEUR
83, rue du Bac.